56. 오세아니아·아프리카·기타 괌

산타 할아버지의 휴가

글 안영은

성균관대학교 아동학과를 졸업한 뒤, 18년 동안 KBS 'TV유치원', MBC '뽀뽀뽀' 등의 각종

유아 프로그램 작가로 활동해 왔습니다. 최근에는 애니메이션 원고 집필 작업 및 출판과

방송을 접목한 융합형 콘텐츠 개발에 참여하고 있습니다.

그림 김연정

서울예술대학에서 시각디자인을 전공했습니다. KBS TV유치원에 작품 〈난쟁이 재상의

재치〉가 방영되었고, 불교TV에 작품 〈다시 태어난 대성〉이 방영되었습니다.

2010년에 개인 전시회('소통&교감 전')를 열었습니다. 그린 책으로 〈토끼가 집을 지어요〉,

〈불이 나갔어요〉, 〈거꾸로 가는 시계〉 등이 있습니다.

사진 Imageclick, Alamy, Timespace, Eurocreon

총기획 및 발행인   박연환
발 행 처   한국톨스토이
출 판 신 고   제406-2008-000061호
본   사   경기도 성남시 분당구 금곡동 444-148
　　　　　　한국헤르만헤세 빌딩
대 표 전 화   (031)715-8228
팩   스   (031)786-1001
고 객 문 의   080-470-7722
편   집   백영민, 박형희, 송정호, 이승희
교   정   정은교, 김희정
기획·디자인   김현정, 이은선, 박미경, 김재욱, 박은경

www.tolstoi-book.co.kr

씽씽펜 음원이 제공되는 음원책입니다.

◉ : 세계 여러 나라의 문화·역사·경제·정치·지리에 대한 내용을
     실감 나게 들을 수 있습니다.

교과 연계

• 초등학교 사회 6-2 2. 세계 여러 지역의 자연과 문화 64쪽
• 중학교 역사(하) Ⅶ. 현대 세계의 전개, 대교 203쪽

산타 할아버지의 휴가

글 안영은 | 그림 김연정

Hafa Adia◉ (하파 데이) 안녕하세요.
Si Yu'us Maa'ase'◉ (시 주스 마아세) 감사합니다.
Esta agupa'◉ (에스타 아구파) 또 만나요.

한국톨스토이

"콜록콜록, 에취! 크응~팽!"
저런! 산타 할아버지가 감기에 걸렸네요.
추운 겨울밤, 선물을 주느라 힘들었나 봐요.
크리스마스[○]가 지나자 루돌프가 말했어요.
"할아버지는 지금 휴식이 필요해요.
따뜻한 곳으로 함께 떠나요."

이런! 기침하다가
굴뚝에서 떨어질 뻔했네.

▶ 괌은 발바닥 모양의 섬이에요.
섬의 크기는 거제도와 비슷해요.

루돌프는 산타 할아버지를 썰매에 태우고
괌으로 떠났어요.

썰매는 피시아이 마린 파크에 도착했어요.
"바다 한가운데에 전망대가 있네?"
산타 할아버지와 루돌프는 전망대로 갔어요.
때마침 바닷속에서 잠수부가 먹이를 주자
예쁜 물고기들이 모여들었어요.
"음, 선물을 주는 건 역시 산타인 내가 해야지!
바다에 가서 물고기에게 선물을 주고 올게. 콜록!"

잠수부가 물고기들에게
먹이를 주는 장면도
구경거리랍니다.

▼ 수영을 하지 못하는 사람도 전망대의 창문을 통해
  열대어들의 모습을 볼 수 있어요.

9

산타 할아버지는 감기에 걸렸는데도
선물을 나눠 줄 생각뿐인가 봐요.
머리에는 유리 헬멧도 썼어요.
"이렇게 하면 바닷속을 걸을 수 있다고?"
산타 할아버지는 바닷속을 걸어 다니며
열대어들에게 선물을 나눠 주었어요.

우아, 신기하다.

▶ 시 워커 체험은 땅에서 숨 쉬는 것과
비슷한 상태를 만들어 주는 헬멧을 쓰고
바닷속을 걸어 다니는 거예요.

▶ 세계적인 관광지인
투몬의 해변이에요.

쿨쿨쿨.

루돌프야, 고마워.
감기가 다 나은것 같구나.

"에취! 콜록콜록!"
바닷속에서 나온 할아버지는 기침이 더 심해졌어요.
루돌프는 산타 할아버지를 썰매에 태우고
햇볕이 뜨거운 투몬 베이°로 날아갔어요.
"여기서 모래찜질을 하면 감기가 나을 거예요."
루돌프와 산타 할아버지는 모래찜질을 했어요.
"껄껄껄! 루돌프야, 네 덕분에 기침이 멎었구나."

딸랑딸랑!
"어? 크리스마스도 아닌데 웬 종소리지?"
종소리는 사랑의 절벽°에서 들려왔어요.
"사랑하는 사람과 종을 치면 행복해진대요."
종을 치던 사람들이 말했어요.
산타 할아버지와 루돌프는 신 나게 종을 쳤지요.

괌을 다스리던 에스파냐 군인이 괌 여인에게
반해서 계속 쫓아오자, 여인은 사랑하는 남자와
도망쳐 절벽에서 떨어졌어요. 그래서 사람들이
'사랑의 절벽' 이라고 부르지요.

사랑의 절벽에서 내려오자 하얀 성당이 보였어요.
성당에서는 한 소년이 기도를 하고 있었지요.
"우리 집은 굴뚝이 없어서 산타가 못 오나 봐요.
하지만 저는 산타를 꼭 만나고 싶어요."
기도를 엿듣던 산타 할아버지와 루돌프는
몰래 소년을 따라가 보았어요.

차모로 족은 노래와 춤을 즐기며,
카누와 공예품도 잘 만들어요.

소년은 차모로 마을º로 갔어요.
모두들 나무를 깎아 카누를 만들고 있었지요.
"우아, 차모로 족은 솜씨가 정말 좋구나."
그러자 카누를 만들던 소년이 돌아보았어요.
"안녕? 내가 바로 산타 할아버지란다."
산타 할아버지는 썰매에 있던 선물을 주었어요.
소년은 기뻐서 어쩔 줄 몰랐어요.

이렇게 음악에 맞춰 춤을 추니 재미있군.

마침 그날은 차모로 마을 축제 날이었어요.
산타 할아버지도 전통 축제에 초대되어
꽃목걸이를 걸고, 나뭇잎 치마를 입었지요.
"차모로 족의 옷이 잘 어울리시는걸요?"
모두 엉덩이를 흔들며 신 나게 춤을 추자,
산타 할아버지도 북소리에 맞춰 춤을 추었어요.
"땀을 흘렸더니 감기가 싹 나은 것 같아."

랄라라~.

"루돌프야, 감기도 나았으니 그만 돌아가자."
"벌써요? 우리는 지금 휴가 중이라고요.
딱 하루만 더 놀다가 가요."
루돌프는 썰매를 끌고 솔래다드 요새°로 갔어요.
갑자기 쿠쿠쿵 하는 요란한 소리가 났어요.
루돌프는 놀라서 도망치기 시작했어요.
조금 뒤 먹구름 사이로 거센 비가 쏟아졌어요.

사실 그건 대포 소리가 아니었어요.
"루돌프야, 그건 천둥소리였다고!"
산타 할아버지가 외쳤지만 루돌프는
이미 멀리 달아나 버렸지요.

돌아와~

한참 기다려도 루돌프는 돌아오지 않았어요.
산타 할아버지는 쏟아지는 비를 맞으며
솔래다드 언덕 아래를 바라보았어요.
"저기 마을이 있군. 혹시 저기로 갔을까?"
산타 할아버지는 마을로 가 보기로 했어요.

요새 가까이에 있는 마을은 우마탁 마을°이었어요.
마을로 내려오자 금세 비가 그쳤어요.
산타 할아버지는 보는 사람마다 물어 보았어요.
"코가 빨간 사슴을 보셨나요?"
마을 사람들 모두 고개를 흔들었어요.
루돌프는 도대체 어디에 있는 걸까요?

▼ 파도가 잔잔한 우마탁 해변이에요.

▼ 괌의 남쪽에는 곰 모양으로 생긴
커다란 바위가 있어요.

루돌프는 산타 할아버지를 찾아 헤매다
커다란 곰을 발견했어요.
"그래, 저 곰은 뭔가 알고 있을지도 몰라."
자세히 보니 그건 곰 모양의 커다란 바위였어요.
깜깜한 밤이 되자, 루돌프의 코가 빛나기 시작했어요.
"네 코가 참 밝구나. 내 쇼를 도와주지 않겠니?"
산타 할아버지를 만날지도 모른다는 생각에
루돌프는 고개를 끄덕였어요.

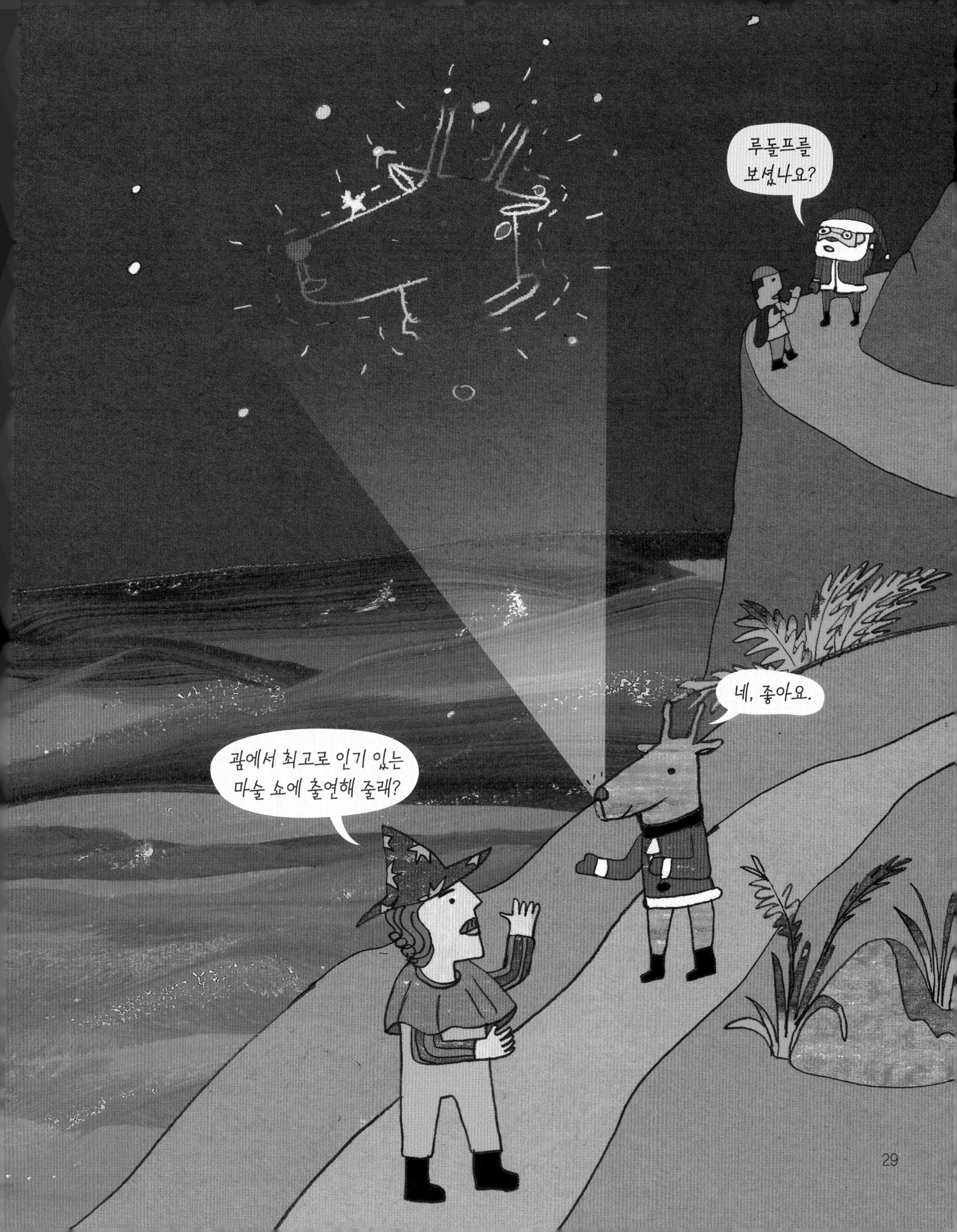
루돌프를 보셨나요?
괌에서 최고로 인기 있는 마술 쇼에 출연해 줄래?
네, 좋아요.

한편, 산타 할아버지는 길에서 포스터를 보았어요.
"샌드캐슬 마술 쇼 라고? 마술사라면
사라진 루돌프를 나타나게 해 줄지도 몰라."
산타 할아버지는 마술사를 찾아갔어요.
마술사가 무대에서 커다란 천을 걷어 휘두르자
펑 하고 뭔가 나타났어요.
"어? 저건 루돌프야. 빨간 코 루돌프!"
산타 할아버지는 루돌프를 꼭 껴안았답니다.

월드는
와글와글

 잘 깎고 잘 만들어요

괌 사람들은 열대 지방에서 자라는 나무나
코코넛 열매 섬유를 이용하여 여러 종류의
바구니와 가방, 모자, 돗자리, 벽걸이 등을
만들어요. 또 바닷물에 뿌리를 내리고 자라는
맹그로브 나무로 사람이나 동물들의 모습을
깎아 조각상을 만들고 가구를 만들지요.

▲ 원주민이 직접 만든 가면

언더 워터 월드의 해저 터널

▲ 터널 안의 모습

괌에 있는 언더 워터 월드의
해저 터널은 길이가 무려
100미터나 돼요. 세계에서 가장
긴 수족관 해저 터널이지요.
마치 미로를 걷는 듯 꾸며져 있고,
터널 곳곳마다 다양한 바다생물들을 구경할 수 있지요.
잠수부와 기념 촬영도 할 수 있답니다.

신기하고 예쁜
물고기들이 많아요.

괌의 인기 만점 요리는 무엇일까요?

괌에 가면 꼭 먹어 봐야 할 요리로 레드라이스,
켈라구엔, 차모로 바비큐를 들 수 있어요.
레드라이스는 '아쵸떼'라는 씨에서 뽑아낸
붉은 색소로 색과 맛을 낸 쌀밥이에요. 거기에
베이컨, 양파, 마늘, 완두콩 등을 함께 먹지요.
닭고기나 새우 등에 레몬즙, 소금, 다진 코코넛과
매운 고추로 요리한 켈라구엔은 외국인에게도
인기 만점이랍니다. 전통 요리인 차모로 바비큐는
립 또는 치킨을 간장과 식초에 3~4시간 정도
재운 뒤 석쇠에 구워서 요리해요.

▲ 켈라구엔은 외국인의 입맛에도 잘 맞아요.

괌은
관광 산업이
발달한 섬이야.

괌에 미국 공군 기지가 있다고요?

▲ 괌에는 미국 공군의 핵심 기지가 있어요.

미국 공군 기지가
괌 땅의 3분의 1을
차지해.

괌에는 미국 공군의 핵심 기지인 '앤더슨 공군 기지'가 있어요.
기지 이름은 제2차 세계 대전 당시 일본 도쿄 공습을 이끌던
로이 앤더슨 준장의 이름에서 딴 것이에요. 한국 전쟁 때는 항공기와
전쟁 물자 수송을 위한 기지로 활용되었고, 베트남 전쟁◉ 때는 적군을
공포에 떨게 했던 무서운 폭격기 B-52가 이곳에서 출발했지요.
아시아 대륙에 가깝다는 지리적 이점 때문에 앞으로도
미군의 핵심 기지가 될 것이라고 해요.